我的超级科学探索书

U0683115

发明之谜

纸上魔方◎编写

北方妇女儿童出版社

图书在版编目(CIP)数据

发明之谜 / 纸上魔方编写. -- 长春 : 北方
妇女儿童出版社，2013.1（2019.4 重印）
（我的超级科学探索书）
ISBN 978-7-5385-7173-8

Ⅰ．①发… Ⅱ．①纸… Ⅲ．①创造发明－青年读物
②创造发明－少年读物 Ⅳ．①N19-49

中国版本图书馆CIP数据核字(2012)第285737号

发明之谜

出 版 人	李文学	
策 划 人	师晓晖	
编 写	纸上魔方	
责任编辑	张耀天 邱岚	
开 本	170mm×240mm	1/16
印 张	8	
字 数	120千	
版 次	2013年1月第1版	
印 次	2019年4月第3次印刷	

出 版	北方妇女儿童出版社
发 行	北方妇女儿童出版社
地 址	吉林省长春市人民大街4646号
	邮编：130021
电 话	编辑部：0431-86037964
	发行部：0431-85640624
网 址	http://www.bfes.com
印 刷	天津海德伟业印务有限公司

ISBN 978-7-5385-7173-8　　　　　　　定价：23.80元

目录

"纸"是怎么来的呢 / 1

指明方向的宝贝 / 6

危险的火药 / 10

这就是印刷术 / 14

风筝怎么会飞上天呢 / 18

告诉你陶瓷的来历 / 22

精美的丝绸 / 27

各种各样的笔 / 31

你知道五线谱吗 / 35

奏出美妙音乐的钢琴 / 39

放在肩膀上的乐器 / 44

你会踢足球吗 / 49

我们去打篮球吧 / 53

小巧的乒乓球 / 58

跨时代的发明——电 / 62

照亮黑暗的电灯 / 66

跨越距离的通话 / 70

留住美好瞬间的照相机 / 75

电影——神奇的照片浏览器 / 80

汉堡是怎么做的呢 / 84

可口可乐，再来一瓶 / 89

哇，好好吃的巧克力 / 93

冰淇淋，你还想吃吗 / 97

保持寒冷的大家伙 / 102

来，我们一起看电视 / 107

你会使用电脑吗 / 111

空中的"飞鸟" / 115

火车有多长啊 / 120

"纸" 是怎么来的呢

　　纸是我们日常生活中很普遍的东西，小朋友们每天都能用到的一种文化用品。你看，我们上课读书用的课本是用纸做成的，我们在画画的时候用的是画纸，就连我们喝的牛奶的盒子都是用纸做成的。由此可见，纸已经是我们必不可少的生活用品。那么小朋友们，你能告诉我纸是怎么制造出来的吗？来，让我们一起去揭开造纸术的神秘面纱吧。

　　在古代，最开始人们把需要记录的事情用树枝写在地上。可是这样十分的不方便，写在地上的东西不仅容易被破坏掉，还不能移动。后来古人们通过慢慢的摸索，就把字写在竹简上，这样就解决了把文字记录在地上的很多不便之处。但是，随之而来的问题又出

现了：竹简十分的厚重笨拙，一块竹简上只能写几个字，这要是把一本书完整地记录下来，就要用到几十斤甚至上百斤的竹简，得用马车来拉。后来人们发现可以将文字记录在帛上面，十分的轻巧，但是当时的帛是用蚕丝做成的，价格昂贵，只有一些王公大臣才能用得起，普通人哪里用得起呢。这个时候有一个人的发明正好解决了这个问题。

蔡伦是东汉时期在宫里做官的人，经常要写字，可是丝帛太贵，所以写东西都小心翼翼，生怕写错了，浪费一片丝帛。他为此非常苦恼，决心想办法作出一种价格便宜又好用的纸来。于是，蔡伦找到一个制作丝帛的名叫黄昌的工匠，问他丝帛怎么做成的。黄昌就把他带到了制作丝帛的作坊中，由于蚕丝是要经过清洗的，所以作坊就建在河边上。蔡伦站在河边，观察人们抽蚕丝和洗蚕丝的过程。他发现人们把好的蚕丝拿走以后，

剩下的破乱蚕丝在席子上会形成薄薄的一层东西，有的人把这层东西晒干，拿回家里糊窗户或者包东西，这种东西也可以用来写字。

蔡伦看到这种情况灵机一动，就开始尝试着用树皮、麻叶中的纤维来代替剩下的蚕丝，看看能不能形成那层薄薄的东西。他把树皮和麻叶放到大锅里，加上水，点上柴火，煮了起来。等到锅里的水咕嘟咕嘟地冒泡时，就把它们倒入一个大石槽里，用木棒使劲地捣了起来，一直把石槽里的东西捣成浆状，然后又添点漂白剂，最后再把纸浆平铺到席子上，铺得又薄又平又均匀，等晾干了，把纸从席子上揭下来。可是只用树皮和麻叶制出来的纸容易破碎，蔡伦和黄昌又在纸浆里加入了破布、烂渔网和制丝帛时剩下的残絮，这回制出来的纸就结实耐用了，而且吸墨效果好。就这样，蔡伦造出

了真正的纸。

　　皇帝得知蔡伦制出了新纸，非常高兴，昭告天下，推广造纸术。后来，蔡伦为了提高制作速度，他又作了改进，选用各种不同的纤维制作出品质不一样的纸张，而且他还在席子下面垒起了炉子，用热气烘烤席子，加快纸张干燥的速度。后来人们又根据用途的不同，发明出了各种各样的纸张，一直沿用到现在。

你知道吗?

其他国家的造纸术

在古时候，各个国家都有各自的造纸术。比如古埃及人就用尼罗河边的一种纸莎草造纸，欧洲用羊、牛皮制成的羊皮纸，不过，这些纸原料单一、产量有限，难以普及，所以他们的造纸术一直没有得到发展。蔡伦造纸术出现不久，就广泛传播到朝鲜、日本、阿拉伯地区、欧洲及世界其他国家和地区。历史记载，阿拉伯最早的造纸工场就是中国人帮助建造起来的，造纸技术也是由中国工人亲自传授的。

你知道吗?

纸的不同用途

纸在发展的过程中，人们根据不同的用途将纸分成了不同的种类。牛皮纸因为纸质坚韧耐用和能防水的特性，所以一般用来包装一些怕水的东西。 还有一种纸小朋友们不一定知道它的名字，但是一定见过。在你吃糖的时候，有些糖纸在剥开之后会发现糖上面还有一层很薄很脆，有点透明的纸，这种纸叫做玻璃纸，可以包在一些食品上面，起到保护防潮的作用。而且还有书画用的宣纸，用来复印东西的复印纸等等。

指明方向的宝贝

　　小朋友们，我们平时在说一个地方的时候，总是会拿另外一个东西做参考，说它在它的什么方向、相隔多远的距离。可是你想过吗，在无尽的大海上和茫茫的沙漠里，四周什么都没有，人们是怎么来辨别方向的呢？其实我们的古人是很聪明的，他们发明了一种在大海，在沙漠，在很多地方都能用得到的"宝贝"。来，小朋友们，现在就跟我一起去看看这个神奇的东西吧。

　　古代人经过长时间的观察，发现太阳每天会从东边升起，往西边落下，根据太阳的位置就能辨别方向。但是遇到阴雨天气的时候

怎么办？为此人们一直在探索着，希望能找到一个东西，无论天气如何，都可以帮人们指明方向。

随着人们的不断探索，到了战国时期的时候，发现磁石可以吸引铁，又渐渐地发现了磁石的指向性，于是就发明了一种叫"司南"的仪器，可以辨别方向。当时的"司南"是由磁石和"地盘"组成的，人们将天然磁石制成了一把勺子的样子，并将它放在光滑的"地盘"上，就可以自由地转动。人们又在"地盘"上刻上东、南、西、北四个方向，这样就可以指明方向了。但是"司南"并不

是每时每刻都在转动的，当它静止的时候，勺柄的方向就会指向南方。

但是在民间，常用的"司南"不是勺子形状的。 人们将薄铁片剪成鱼的形状，并且把鱼的肚子向下凹一点，磁化以后，放在水面上，这个放在水中像一条小船一样的小鱼就能用来指明方向了。人们叫它"指南鱼"。

但是，人们渐渐地发现了"司南"和"指南鱼"的弊端，不仅指出的方向不是很精确，而且很不方便携带，人们就在寻找着更加便捷实用的东西。随着科技的不断进步，人们终于发明了既小巧玲珑又极易携带的指南针。这类指南针有的可以缝制在衣服上面，在登山探险运动中十分受欢迎。

指南针作为一种指明方位的仪器，在我国古代，起到了十分重要的作用。尤其是在航海中，它的作用就更加突出。

小朋友们，都听说过郑和下西洋的故事吧，从这个故事中我们就能看出航海事业在中国古代十分的发达。大家都知道，海上的天气并不总是阳光明媚的，也会遇到阴雨、有雾的天气，有的时候这样的天气会持续很长一段时间，那么在这样的环境中，船怎样才能朝正确的方向航行呢？这个时候指南针就发挥了它的作用，人们可

以根据它的指示来调整方向，继续航行。就这样，在一位又一位像郑和那样的出色航海家的帮助下，中国的指南针就流传到了欧洲各国。在欧洲慢慢地演变成了罗盘，为欧洲的海上探险提供了很大的帮助。

危险的火药

每逢佳节，或者是有什么重大喜事发生的时候，人们总是喜欢放鞭炮来表达欢喜的心情。尤其是到了春节的时候，漫天都是五彩缤纷的礼花。看着这些在空中绽

放出的绚丽的色彩，小朋友们想过这礼花是怎么做出来的吗？说到这里就不得不提中国伟大的四大发明之———火药了。走，跟我一起去看看这神奇的火药吧。小心点，这火药可是蛮危险的啊。

火药的发明要追溯到我国的隋唐时期。出乎大家意料的是，火药的发明只是一个意外，那个时候人们的封建意识十分严重，皇帝和许多有权力的人希望能够长生不老，享受荣华富贵，于是就沉迷在道家的炼丹术中，火药也就是在这个时候开始研究的。因为炼丹使用的材料是硫黄、硝石等有毒的金石药剂，所以刚开始的时候，炼丹者会用灼烧的方法来将这些药剂"降伏"一下，使它们的毒性减小甚至消失。然而，硫黄、硝石、炭火三者混合到一起，容易产生激烈的反应，于是经常会有丹房爆炸、失火的事情发生，严重的

还会将人的手、脸等地方烧伤。这样，主要由硫黄、硝石、炭混合的会爆炸的东西，就是当时的黑火药。

火药刚刚出现的时候，并不是应用在战争上。在宋代的时候，有些玩杂耍、杂技和木偶戏的民间艺人会利用火药来表演一些"吐火"等吸引人的节目，

还用火药散发的烟雾制造出一种神秘的氛围，用来表演一些幻术，比如大变活人等等。

后来，人们发现了火药的另一个重要的用途——应用于军事。在宋代末期的时候，人们就通过不断的研究，发明了世界上的第一支火箭。其后，大炮、火枪等武器也慢慢地被人们制造并掌握，那时候中国的科技在世界上是遥遥领先的。但是，火药在制

造武器的同时，给中国带来了巨大的危害。火药传到欧洲等国家之后，他们制造了威力强大的枪、炮等武器，用来攻打中国。

随着时代的进步，黑火药因为装卸繁琐、不便携带等原因，经过了很多次改良，逐渐被现代火药取代。终于，科学家诺贝尔在1862年的时候研制出了比较稳定的、可以批量生产的火药，也就是现在人们使用的炸药，简称"TNT"。

火药的发明大大推进了历史的进程，结束了冷兵器耀武扬威的时代，开启了热兵器的时代。在世界历史上，有着里程碑的重要意义。

这就是印刷术

看着手里一本本散发着油墨香、印刷精美的书籍、画册，小朋友们有没有想过这样一个问题——这些书是怎么印刷出来的呢？要回答这个问题，我们就来聊聊中国四大发明中的印刷术吧。这是继蔡伦发明出造纸术之后，又一种推进文化交流、促进世界进步的伟大发明。

在纸张出现了以后，人们终于可以将一些重要的东西记录下来，存放起来。可是用人工抄录的方式十分浪费人力物力，还容易抄错，抄漏。于是，人们迫切地希望有一种东西能将文字印刷出来，使相同的文字、书籍可以得到大批量的复制。

人们首先是在印章和石刻的应用上得到了启示，知道了印刷术的发展方向。一枚印章上通常只有几个字，一般用来表示姓名、官职或者部门。根

据印章的制作和用法，北宋年间，一个叫毕昇的人大胆地想出了一个办法。他先是用胶泥做成印章的样子，一个印上刻有一个字，把这些印用火加热后就会变得很硬。再准备一个铁板，在铁板的四周围上一个铁框，在这个铁板上面均匀地撒上松香、纸灰和蜡等东西，然后将要印刷的字印整齐地摆满铁框，这就是一版。摆好后在铁板的下面加热，这样铁板上的混合物就融化并且粘在字印上，和它成为一体，字印就被固定住了。这个时候要快速地用平滑的板子在这些活字印上面压一下，让字面变得平整，这样就可以印刷了。一般在印刷的时候都会用两块铁板，一块印刷，一块排版，印完一版就接着印下一版，就这样一版一版地交替使用，让印刷的效率提高了很多倍。毕昇的印刷术被人们称为"活字印刷术"。可惜的是这样一种伟大的发明并没有引起当时统治者的注意和重视，一直到毕昇死的时候，"活字印刷术"仍然没有得到推广。不过值得庆幸的是，"活字印刷术"被当时的人们学会，并且流传了下来。

后来，毕昇的泥活字印在清朝的时候发展成了木活字印。康熙年间，木活字印刷术已经十分的盛行，人们用它印刷了《武英殿聚珍版丛书》上百种、上千卷，是我国历史上规模最大的一次用木活字印刷术来印刷书籍的活动。由于得到了政府的大力支持，在清末的时候，木活字的印刷技术得到了极大的发展。

后来，随着时代的进步，科学技术的不断发展，印刷术得到了很大的改善，不仅印刷出来的字更加的清晰，而且效率也比以前提高了不知多少倍。为了保密的需要，人们还发

明了隐形的印刷术。

印刷术是世界历史上的一颗璀璨的明星，它的出现让书籍能大量的翻印，避免了有的书籍由于手抄数量少而失传，而且还减少了手抄中出现的错字、漏字等问题。同时，书籍的大量印刷，能让更多的人读到书，让世界大大地向前迈进了一步。

风筝怎么会飞上天呢

　　每当春暖花开的时候，小朋友们都会走出家门，在和煦的春风中放飞自己的风筝，留下一片欢声笑语。那么，你们知道风筝是怎么发明的吗？

　　风筝是民间的一种工艺品，它起源于中国，而后又流传到世界中，成为人人喜欢的玩具。据记载历史上最早的风筝是由我国的墨子发明的，他花了三年的时间用木板做成了一只风筝，但是仅仅飞了一天就坏了。后来，东汉年间的蔡伦在造出纸张以后，人们才开始用这

种轻巧的纸张来制作风筝，当时的风筝被称为"纸鸢"。这样推算的话，风筝已经有两千多年的历史了。

风筝的样子主要是模仿大自然中的生物，其中模仿最多的就是鸟雀等动物。风筝一般用木材、竹篾等材料作为骨架，然后将丝绢、纸张剪成自己喜欢的样式，牢牢地固定在骨架之上就大功告成了。现在马来西亚、中国、菲律宾等地的人们会制作一种大型的风筝，每当到了重大节日的时候，就放飞它来庆祝。这样的风筝骨架一般是用一种坚韧的竹子做成的，长度大约有3到7米不等，需要几

十甚至上百人的配合，才能将这个"庞然大物"放飞到空中。

在风筝漫长的发展岁月中，它已经融入了中国的传统文化中。我们的祖先不仅仅将精美的文字和美丽的绘画展示在风筝上，同时还寄托了人们对美好生活的向往。在风筝上，随处可以看见中国传统文化中的美好寓意，比如"龙凤呈祥""福禄双全""年年有余""鲤鱼跃龙门"等等，这些吉祥美丽的风筝无不显示出人们对美好事物、美好生活的一种追求。

在中国的风筝文化中，风筝的图案也很有讲究，大致上可以分为"长寿""喜庆""求福""吉祥"等几个方面。代表"长寿"的图案一般是我们大家所熟悉的青松、仙鹤、蟠桃和一些寿字等；代表"喜庆"的图案一般都能表现人们欢快愉悦的心情，比如"双喜临门""百鸟朝凤"等；"求福"的图案是由蝙蝠的样子美化过来的，这是取蝙蝠的谐音是

"遍福"的意思，这类的图案基本上有"五福献寿""福寿双全"等；"吉祥"的图案最能体现出中国的传统文化，多用麒麟、龙、凤等中国传统文化中代表着祥瑞吉祥的动物图案，比如"龙飞凤舞""二龙戏珠"等。

　　风筝在其他的国家也有各自的特点和风俗。日本有独特的浮世绘风格；韩国有风穴风筝；泰国的风筝还有男女之分，男的叫鸟筝，女的叫鱼筝；在英国，风筝还是用来监视潜水艇的飞行装置。怎么样，这么多各式各样的风筝，小朋友们是不是觉得很好玩呢？

告诉你陶瓷的来历

在世界历史上，中国的陶瓷是非常有名的。那么我们的祖先是怎么样制作出这么精美的瓷器的呢？今天就让我们大家一起去看看吧。

说起中国的制陶历史，我们可以追溯到公元前四千多年前。中国的陶瓷展现了

中国人民对美的追求，从它的发展过程来看，我们可以将陶瓷分成"陶器"和"瓷器"两部分来了解。

在中国的陶瓷文化中，不同时期的陶瓷有着不同的特点。在尧舜禹的时期，陶器中的标志性作品是彩陶。在这段时间中，陶器的主要作用是作为一种日常的器皿和祭祀用具。到了汉朝，陶器得到

了很大的发展，出现了比较坚硬的釉陶，也是在这个时期，汉字中才出现了"瓷"字。到了公元200年至公元600年的时候，瓷器就明显带有了佛教艺术的影子。

等到了唐朝的时候，陶器事业的发展出现了转折。陶瓷的工艺得到了巨大的改进，人们制作出了一大批做工精良的陶瓷制品。其中还出现了一种叫"柴窑瓷"的新品种，这种陶瓷质地优良，得到了人们的深深喜爱，但是流传下来的却很少。到了宋朝的时候，陶瓷事业的发展到达黄金时期。各种富有特色的陶瓷就像是雨后春笋一样纷纷地涌现出来，其中比较有代表性的是钧、汝、官、哥、定等名窑出土的陶瓷器。

元朝时，景德镇出现了枢府窑，这里生产的瓷器，白瓷和上面的蓝纹相得益彰，十分的清新脱俗。这就是十分有名的青花瓷，景德镇也因此成为全国陶瓷界中的龙头老大。等到了明、清朝的时候，景德镇制作的陶

瓷堪称是世界之最，尤其是青花瓷的制作更是达到了炉火纯青的地步。而此时其他的地方，比如浙江的龙泉窑、福建的德化窑、河北的磁州窑，也相继制作了一批风格迥异、非常精美的陶瓷而名扬海内外。

陶瓷不仅是一件件精美的工艺品，同时也体现了中华民族的文化。当一件陶瓷烧制出来的时候，上面并没有大家看到的色彩和花纹，人们在烧制好的陶瓷上面用不同的色彩画上美丽的图案，写上一些寓意深远的字句，等到完工的时候，展现在我们面前的就是一个令人迷醉的艺术品。陶瓷上面记录的是一段段故事，展现的是一幅幅生活画卷，反映的是一个个朝代的兴衰。比如唐三彩就用壮阔雄峻、大气恢弘的格调展现出了唐朝时期的强盛；宋朝陶瓷采用的是隽永清新、淡雅脱俗的风格，反映了当时的审美追求。

你知道吗?

中国瓷器享誉全球

18世纪以前，欧洲人还不会制造瓷器，他们以能获得一件中国瓷器为荣。在18世纪的100年间，从中国出口到欧洲的瓷器达到了6000万件以上。对于当时大部分国家的统治者来说，收藏和使用精美的中国瓷器是他们崇尚文明和追求高雅，乃至炫示国力的象征。

你知道吗?

陶与瓷的区别

陶与瓷的区别在于原料上的不同和温度的不同。在制陶的温度基础上再添火加温，陶就变成了瓷。陶器的烧制温度在600℃～1000℃，瓷器则是用高岭土在1300℃～1400℃的温度下烧制而成。

精美的丝绸

说起中国的好东西，那可真不少，在世界上享誉盛名的除了陶瓷，还有丝绸。丝绸在外国人的眼中可是神的杰作。那么我们现在就去看看这神奇的东方丝绸吧。

在中国古代一直流传着一个关于丝绸的神话。传说在远古的时候，黄帝和蚩尤发生大战，黄帝在众人的帮助下打败了蚩尤。"蚕神"就将自身吐出来的丝送给了黄帝以示敬意，黄帝命人将这些蚕丝做成了一件衣服，穿在身上非常的轻松舒适。黄帝的妃子嫘祖看到了，就四处寻找吐丝制衣的蚕，采桑养蚕，最终掌握了丝绸的制法。于是人们就将嫘祖称为"蚕神"，把黄帝称为"机神"。

小朋友们知道丝绸的故乡是哪里吗？其实，浙江省的湖州市才是中国丝绸真正的故乡。湖州的历史十分悠久，据历史学家考古研究发现，湖州丝绸已经有4700多岁的高龄了，是名副其实的老寿星。在这之前人们一直认为丝绸是由黄帝的妃子嫘祖养蚕吐丝制成的，可是黄帝的时代是在公元前2550年。湖州的这一发现打破了这个神话，将丝绸的历史向前推进了200多年。那些被发现的丝绢被放在浙江省的博物馆中，由于其具有超高的历史价值，所以被奉为博物馆的镇馆之宝。

我们都知道丝绸是用蚕丝做成的，湖州的丝绸优美，离不开桑树的功劳。湖州桑树品种优良、叶质肥美，而经过嫁接的桑树更是保持了优良的性状，令当时江南的蚕丝产量和质量不断地提高，促进了丝绸等丝织品的繁荣发展，关于丝绸的生意络绎不绝，至今湖州还保留着"织里""骆驼桥"等地方。

　　说起丝绸，我们不得不说一下"上有天堂，下有苏杭"的杭州。杭州除了美丽的名胜风景以外，还有着"丝绸之府"的美称，怎么样，小朋友们没有听说过吧。作为国家"六大绸庄"之一的杭州，生产的丝绸以富贵华丽、雍容大气而声名远扬，远销国内外。就连小朋友们熟悉的冰心奶奶都曾说过"在浙言商，首推丝绸"，可见浙江丝绸的繁荣程度。

　　丝绸曾是中国独有、垄断的工艺品，凭借其复杂的编织工艺和独到的手感光泽赢得了世界上各国人们的喜欢。在古代的时候，丝绸是一种丝织品，是给皇上的贡品，只有皇亲国戚、王公大臣能穿得起，普通的百姓是穿不起的。一直到丝织品盛行以后，丝绸才能"飞入寻常百姓家"。

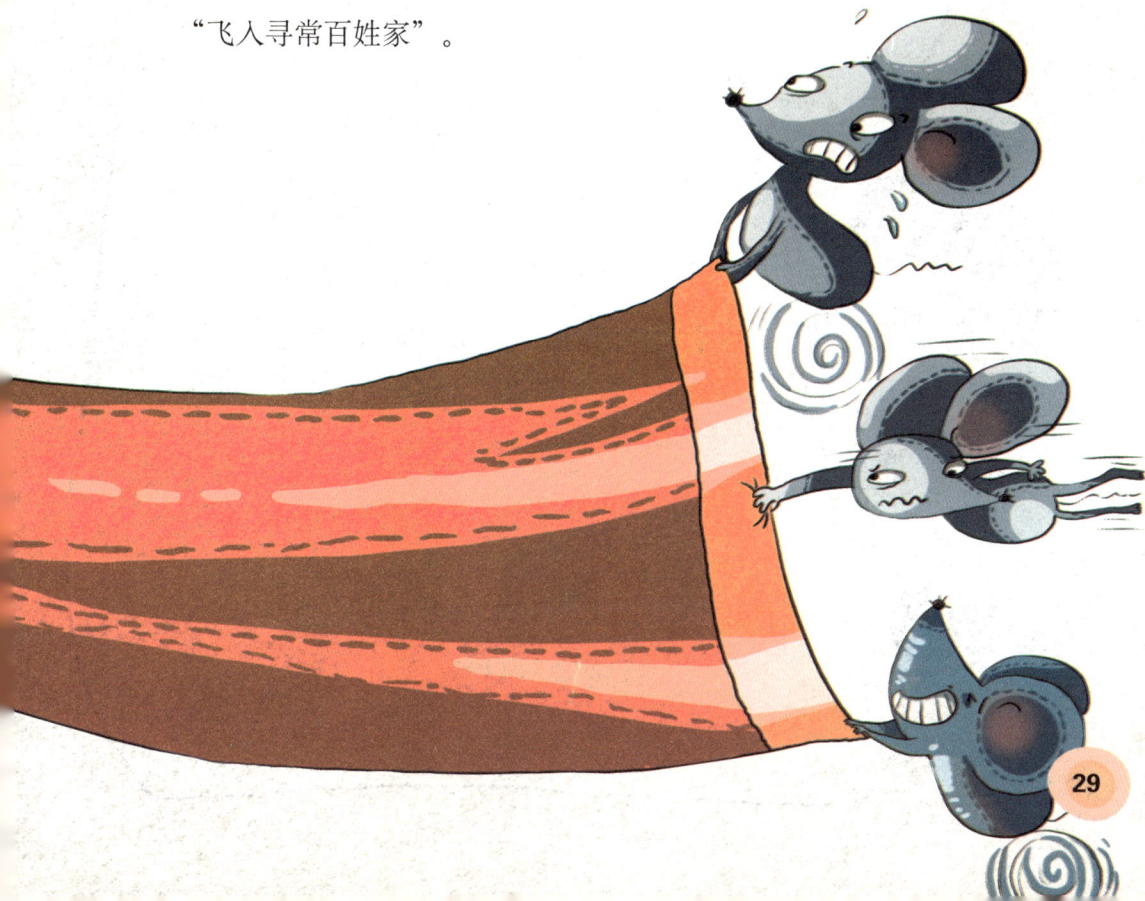

丝绸发展到后来已经与中国的礼仪文化联系到了一起，有了它独特的含义。小朋友们都知道我们的礼仪体制是受到了孔子儒家思想的影响而发展成的，而中国古代的丝绸就是用来"分尊卑，别贵贱"的一种工具。

小朋友们，没想到中国的丝绸还有这么多的故事和说法吧。其实丝绸不仅是中国的丝织品，而且还蕴含了中国的文化。大家明白了吗？

各种各样的笔

亲爱的小朋友们，我们现在用的笔有许多品种，比如毛笔、铅笔、钢笔、圆珠笔、粉笔……那么你想过这么多种类的笔是怎么来的吗？第一支笔是怎么发明的呢？来，跟我一起去看看笔的发展历史吧。

在成员众多的笔的家族中，中国的毛笔是独树一帜的，也是古人最先使用的笔。古人写字要用文房四宝——笔、墨、纸、砚，笔排在第一位，其重要性可见一斑。

毛笔的使用非常早，在战国的时候，中国毛笔的制造技术就已

经十分的发达了。那个时候的毛笔用各种竹子、木材来当作笔杆，如水竹、斑竹、棕竹、紫檀木、鸡翅木等材料；用各种动物的毛来当作笔毫，如鼠尾、虎毛、狼尾、狐毛等等。在毛笔的分类上，可以按照性能分为硬毫、软毫、兼毫；在使用上又可以分为山水笔、人物笔、花卉笔等等。

接下来给大家说的是如今我们在正式场合使用的笔——钢笔，钢笔的形状和样子，小朋友们在日常生活当中经常见到，那么在这里我就给大家介绍一下世界上最贵的几种钢笔。首先排名第一的就是用来纪念梵克雅宝和万宝龙这两大国际品牌的百年庆典，而联手推出的一款梦幻钢笔。这款钢笔的笔身采用的是白金雕饰，在笔身

上面镶嵌着各种各样的宝石，如祖母绿、红宝石、蓝宝石和钻石。而且这840颗钻石和超过20克拉（用来计算宝石重量的单位）的宝石，在珠宝界中享有盛名的梵克雅宝的精心镶嵌下，将整支钢笔装饰得浑然天成。这款钢笔界的巅峰之作卖出了73万美元的高价。

　　排名第二的就是用来纪念一种叫哥特风情建筑的钢笔，这款钢笔的笔身是用纯银打造的，在白银外面镀上铑。笔身有六个平面，每个平面上都雕饰着哥特式窗户和玫瑰等图案。这款在笔身上分别镶嵌着72颗祖母绿和红宝石、892颗钻石的钢笔售出了40多万美元的价格。这些钢笔除了可以用来书写以外，更成为一种奢侈的收藏品。

你知道吗?

圆珠笔

圆珠笔是近十几年来最流行的一种书写工具,它的结构简单,便于携带。由于圆珠笔是靠笔尖处的小钢珠在转动时留下的痕迹来书写的,这样的写字方式可以使圆珠笔具有不渗漏,受环境影响小等优点。而且圆珠笔与钢笔相比,还免去了灌注墨水的麻烦。

你知道吗?

笔的内涵

在写作的时候写得不好的地方叫"败笔";无拘无束的写叫"信笔";随手记录,没有什么限制的是"随笔";显示写作技巧的叫"文笔";在文章中起到暗示作用的叫"伏笔";写得特别出彩的地方叫"妙笔";别人口述,为其整理代写的叫"代笔";由自己亲手写的文字叫"亲笔";在绘画中,描绘得特别精致细腻的叫"工笔"。

你知道五线谱吗

　　每次上音乐课的时候，老师总是能看着乐谱奏出美妙动听的音乐，让小朋友们在欢快悠扬的乐曲中感受到音乐的魅力。等到我们在学音乐的时候就会接触到乐谱，看着上面的一些平行线，一些符号，你能看明白吗？下面就让我来帮帮你吧。

　　首先，我们看到的五条平行线，在这些线上还有一些音符，我们就从这几条平行线开始说起吧。这五条平行的线在乐谱中叫五线谱，自下而上分别是第1线、第2线、第3线、第4线、第5线，而每两条平行线之间的空间也有着不同的名称，自下而上分别是第1间、第2间、第3间、第4间、第5间。小朋友们千万不要认为五线谱是固定不变的哦，在实际的乐谱中，如果音节有需要的话可以在五线谱的上边或者下边适当地增加线和间，加一条线就代表一个音节。如果是在上边加一条线，我们就称为上加第1线、上加第1间；如果是在下面加一条线，我们就称为下加第1线、下加第1间。怎么样，这样的规律小朋友们学会了吗？

要说起五线谱的起源，我们就不得不提到希腊了。在古希腊时期，乐曲的记录方法跟现在是不一样的，那时候的人们用A、B、C……这样的英文字母来表示乐谱发音的高低长短。慢慢地到了罗马时代，人们又开始用另一种方法来表示发音的高低，这就是五线谱的雏形——纽姆记谱法。这种方法用音符在乐谱上的高度走势来表示发音的高低，并且用不同音符之间的距离来表示歌词发音的长短，而且还用彩色来表示半音。不过这时候还是四线谱，等

到了15世纪的时候，人们发现了白音符，这样才让音符慢慢得到增加。到了17世纪的时候人们又加了一条线，形成了现在世界上通用的五线谱。

据记载，五线谱最早传入中国的时间是1713年。在这时候，书中就出现了五线谱和音节等名词，说明五线谱已经被中国人所接受，并慢慢地流行。

可是光有五线谱并不能解决所有的问题，比如我们可以用音符在五线谱的位置来表示发音的高低。但是具体有多高？具体有多低？这个还是没有办法来确定的，这个时候就要用一种标准来表示发音的高低程度，于是就出现了谱号。人们将谱号分为三类：G谱号、F谱号、C谱号。G谱号用来表示高音的程度，F谱号用来表示低音的程度，C谱号用来表示中音的程度。同时人们还发现了五线谱的一些缺陷，但都想出了一一对应的解决方法，使得五线谱不断地完善。直到如今，五线谱也是在不断的发展进步。

　　小朋友们，不要小看这简简单单的五条线哦，这里面可是凝聚了人们的大智慧。这里讲的只是一些基础知识，还有好多的东西等着你们去学习呢。

奏出美妙音乐的钢琴

小朋友们，有这样一种乐器，它奏出的乐曲轻时如同淡淡的春风拂过你的脸颊，欢快时如同美丽的黄鹂在林间自由地歌唱，悲伤时能击中你心中最弱软的地方，让你不知不觉地泪流满面。音符原本是没有感情的，但是当它们碰见钢琴的时候，一个个都有了生命，在音乐的海洋中自由地跳跃着。下面就让我们一起去了解一下这种神奇的乐器吧。

在众多乐器中，钢琴可以称得上是乐器之父，受

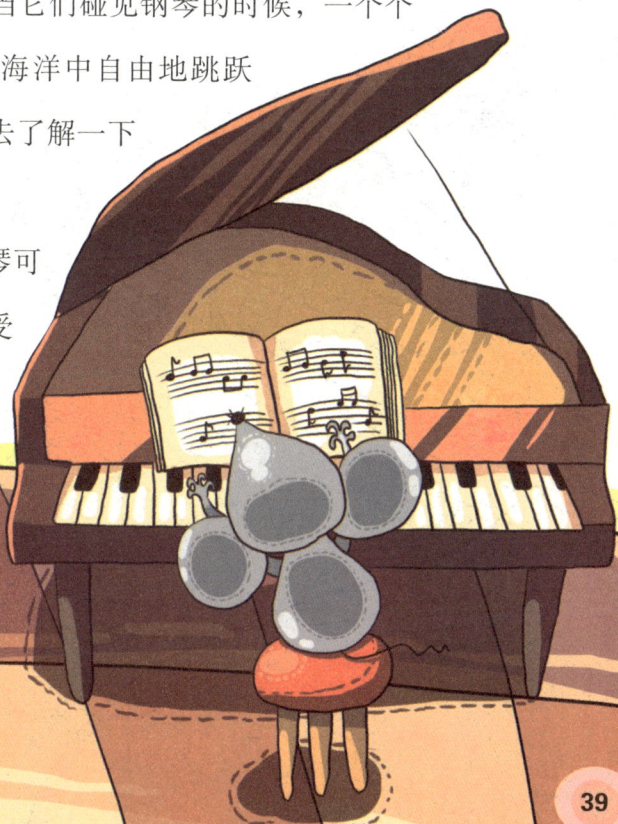

到了众多音乐家的喜爱，同时由于它那无与伦比的魅力又有"乐器之王"的美称。钢琴的前身是14世纪到18世纪在欧洲流行的两种键盘乐器——击弦键琴和拨弦键琴，这两者被称为古钢琴。这时候的古钢琴将不同的曲调和不同的音结合起来，就可以奏出复杂、立体的音乐，展现出不同的感情。当时的复调音乐发展得十分迅速，基于古钢琴的独特性，有好多的知名音乐家都为古钢琴谱曲，比如我们大家都知道的海顿、莫扎特和贝多芬等等。

可是，随着时代的慢慢进步，人们需要一种更细腻、更能直接表达情感的乐器，于是在这样的情况下第一架钢琴诞生了。这架钢琴是意大利人制作出来的，当时的

名字不叫钢琴，而是叫"弱和强"。通过这个名字我们就能知道，这种乐器可以用不同的力度弹奏出强弱不同的乐曲，来随心所欲表达自己的情感。

通过人们在音域、音量、音色等方面提出的问题，又结合外形、材质、结构等因素，能工巧匠经过不断的改进，最终使钢琴变成了今天的样子。在这期间，中国明朝伟大的数学家、乐律学家朱载堉在1854年创造出的十二平均律得到了推广应用，并流传到了国外。人们普遍应用了十二平均律，将钢琴艺术乃至整个音乐艺术都提高了一个层次，让音乐中的多声音乐发挥到了前所未有的程度。

现代钢琴根据其外形与体积的不同分成两类：立式钢琴和三角钢琴。由于三角钢琴的外形和体积都比较大，所以常常应用在音乐厅等大型的音乐演奏场合，是属于专业的钢琴。而立式钢琴由于其

较小的体积和便宜的价格，成为家用钢琴或者是钢琴爱好者的收藏品。不过无论是立式钢琴还是三角钢琴都能或刚或柔、或急或缓、恰到好处地表现出人们的情感，甚至可以模仿出一个交响乐团才能演奏出的效果。

现在的人们大多爱听流行音乐，喜欢听钢琴曲的相对较少。其实，常听钢琴曲也是蛮好的，钢琴曲声音清脆动听，音域宽广辽阔，声音变化丰富，十分的美妙。小朋友们，你们有时间一定要听一听哦。

你知道吗？

你知道吗？

世界上十大钢琴家

鲁宾斯坦、霍洛维茨、里赫特、布伦德尔、阿什肯纳齐、阿格里齐、塞尔金、米凯兰杰利、古尔达、波利尼。

你知道吗？

中国著名的钢琴家

孔祥东、郎朗、李云迪、刘诗昆、殷承宗、张广仁、吴纯，等等。

放在肩膀上的乐器

在音乐界有三种乐器是鼎鼎有名的，分别是钢琴、古典吉他和小提琴。钢琴号称是乐器之父，乐器之母则是小提琴，而古典吉他则是乐器中的王子。那么今天这章就带领小朋友们一起去看看这位乐器之母，了解一下它的发展历程。

小提琴的音色优美，音域也十分的宽广，在所有的乐器当中，它的声音是最接近人的声音的，是中西方音乐中很重要的乐器之一。关于小提琴的起源一直流传着各种说法。有一种是"乌龟壳琴"的说法，据说，有一天，一个年轻人在沙滩上散步，走着走着，忽然踢到了一个东西，发出了一阵十分好听的声音。他蹲下来仔细一看，原来他踢到的东西是一个空的乌龟壳，那声音是乌龟壳震动而发出来的。年轻人对这个声音十分感兴趣，就将这个空的龟壳拿回家去研究。经过一番琢磨以后，他发明出了一种可以发出这种声音的乐器，后来经过改进，就演变成现在小提琴的样子了。

当然这只是一个传说，真正地说起来，意大利才是小提琴的发源地。世界上最早的小提琴是由一位意大利人发明的，它跟着意大利音乐的发展而发展，得到了世界的认可。于是世界上各个国家就仿照意大利小提琴的尺码和样子纷纷地制造小提琴，很长一段时间都没有改变。而同一时期，在瓜内利、阿玛蒂等地制作的小提琴也纷纷成了稀世珍宝。

在15世纪的时候，意大利人对小提琴作了一次改革，他们用马尾制成的琴弓来拉琴。又经过多年的改进和演变，小提琴的样式和制作方法才算是基本固定了下来。真正意义上的现代小提琴最早出现在16世纪，那时候制作的一批小提琴已经被保存在欧洲的博物馆中。到了18世纪的时候，法国人对小提琴进行了一次重大的改革，让小提琴具有了更好的音质和音量。从而在小提琴的制作上超过了意大利，位居世界首位。到了18世纪末期的时候，欧洲的很多国家成立了音乐学院，小提琴作为一种重要的乐器，各个国家的需求量非常大，于是就迫切希望能批量制作小提琴，促进了用机器制作小提琴的发展，涌现出一批机器制琴的著名人物。

小提琴在不断发展的过程中慢慢地分成了不同的学派。意大利小提琴学派的代表人物科雷利认为小提琴是一种用来歌唱的工具，所以他的小提琴演奏曲中快板部分十分的有活力，慢板部分很有歌唱性，快、慢板之间形成了强烈的对比。就这样，富有歌唱性的小提琴演奏曲成了意大利学派的标志。德国小提琴学派走的是演奏技巧上的突破路线，采用了比意大利更加严格、高难的演奏手法。这个学派中有很多杰出的人物，比如巴赫、莫扎特、J.约阿希姆托等一大批人物。

另外还有法比小提琴学派，这个学派强调弓法和指法的运用，他们的演绎手法对世界的小提琴演奏都产生了很大的影响。其中的代表人物萨拉萨特就是法国音乐学院中最优秀的小提琴演奏家之一，他的演奏声音甜美干净，尤其在高音区的演奏更是流畅辉煌。最后一个学派是俄、苏小提琴学派，这个学派是在法比小提琴学派的基础之上自然形成的，它的代表人物是圣彼得堡音乐学院的海费

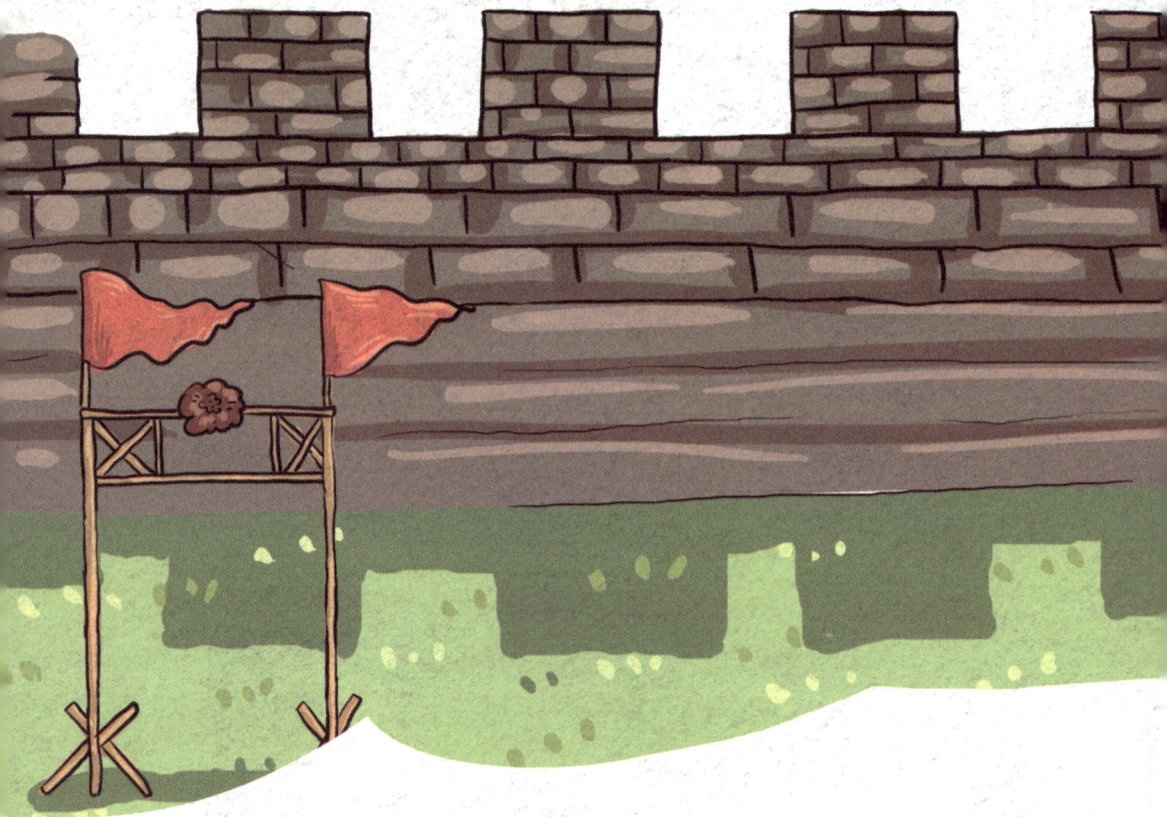

茨，他的演奏以火热般的感情、精准的控制力和惊人的技巧著称。

几个世纪以来，世界各国的著名作曲家创作了大量的小提琴经典作品，《纪念曲》（德国小提琴家德尔德拉）、《圣母颂》（德国小提琴家维尔海姆改编）、《云雀》（罗马尼亚作曲家旦尼库），以及《梁山伯与祝英台》（中国作曲家陈钢，何占豪）……这些世界名曲将带给你极大的听觉享受，陶冶你的情操，净化你的心灵。小朋友们，快去找来听听吧。

你会踢足球吗

一说起足球，小朋友们马上就会想起绿茵场上那你来我往的身影，马上会想起梅西、贝克汉姆等足球明星，也会想起让十三亿人揪心的中国足球。那么作为世界第一大的运动项目，足球有什么魅力牵动着那么多人的心呢？下面就让我们一起走进足球的世界里，了解一下足球的故事吧。

　　说起足球，这可是一项历史悠久的体育运动，在古代的时候就已经盛行。据记载，足球最早的起源是来自中国古代的一种活动——蹴鞠。蹴鞠在中国的古代是十分兴盛的一种运动，早在汉朝的时候，人们就用蹴鞠这项运动来训练士兵的体力、耐力和团队精神，还为此建立了比较完善的足球制度。到了唐宋期，人们踢的蹴鞠就已经采用皮球了，那时候就跟现在的足球十分接近了。

　　这项运动后来传到了阿拉伯，通过阿拉伯人又传到了欧洲，并不断地完善，发展成了现在我们大家都知道的足球运动。其实，在中世纪的时候希腊人和罗马人就已经开始踢足球了。那个时候的足球规则十分的简单，在一个长方形的场地中，中间画一条白线，双方的队员分别站在线的两边，相互用脚将球踢到对方的区域中。后来在英国发展起了现代足球，在足球盛行的时候还诞生了一本用来说明足球规则的书籍——《剑桥规则》，使足球发展成了一项世界级的国际运动。

光知道足球是怎么来的还远远不够呢，我们还要知道足球是怎么玩的，这样在和别的小朋友们一起玩的时候才能不被他们笑话哦。

在国际规则中，比赛的场地是长度100米到110米、宽度64米到75米之间的长方形。在整个球场的中心处做一标记，在四个角的地方竖立起一根1.5米以上的旗杆。在参赛队员的数量上，每队的队员不得多于11人，其中包括一名守门员，每个队可以有3到7名的替补队员。球员主要用脚踢球，也可以用头顶球，以将球射入对方球门多者为胜。比赛被分为上、下半场，每半场的时间为45分钟，中场休息15分钟。在比赛时，要有一名裁判员和几名助理裁判员，裁判员的职责除了负责球场的秩序，对违规的队员提出警

告、处罚，保证球赛的公平公正以外，还要记录比赛的时间和比赛的成绩。

在球场上面比赛的时候，除了守门员以外，其他的队员都不能用手接触球，否则犯规。

此外在足球比赛中，对犯规行为有着详细又严格的规定，这就需要小朋友们在实战比赛的时候进行总结喽。

我们去打篮球吧

现在许多小朋友们最爱做的事情，就是在电视前等着看NBA的直播，看着球场上的球员们你来我往，一番龙争虎斗之后，一个漂亮的出手，篮球带着观众们的期望画着优美的弧线向篮筐飞去。就这样，为了一个精彩的投篮我们会兴奋得大声尖叫，也会为了一个球队的失利而感到遗憾，这就是篮球的魅力。下面就让小朋友们跟我一起去看看篮球是怎么发展起来的吧。

最开始的篮球是美国马萨诸塞州詹姆斯·奈史密斯博士发明的。他是一所学校的体育老师，经常因为冬天寒冷学生们不能玩橄榄球、棒球的事情感到烦恼。1891

年，在马萨诸塞州春田学院任教的时候，他发现当地的孩子经常会玩一种游戏。因为当地盛产桃子，所以每家每户都会有很多用来盛桃子的桃筐，孩子们就经常把球往桃筐里面投。奈史密斯看到这种情况，得到了启发，经过一番构思，发明了篮球。

刚刚发明出来篮球并不像现在的篮球这样，那个时候就是在健身房看台的栏杆上面分别钉上两个篮筐，两个人分别用球向篮筐里面投球，投进一次得一分，然后有人用梯子爬上去将球取下来，重新投球，最终得分高的人胜出。但是这样的比赛要用梯子爬上爬下去取球，十分的麻烦，于是人们就将篮筐的底部弄破，制成了活底的篮筐。后来，人们又将当作篮筐的竹篮改进，简化成了一个铁圈，在下面挂网

来代替竹篮。

　　直到1893年篮球才形成现代篮球的雏形，出现了正规的篮圈、篮网和篮板。但是那时候对比赛的人数、比赛的时间并没有十分严格的规定，只要人数相等就可以开始。奈史密斯制定了不准抱着球跑、对拿球的队员不能有攻击行为等13项比赛规则。但是这样的规则并不完善，还有很多的缺点和漏洞。1908年美国制定了一套完善的篮球规则，并迅速地传遍全球，被全世界所接受，成为全世界统一的篮球规则。

　　奈史密斯是在30岁左右的时候发明篮球的，但是始终没有得到人们应有的重视。一直到了1936年举行柏林运动会时，篮球这项发明才真正地被世人接受、流传，得到了应有的尊重。当国际业余篮球联合会在比赛后将一枚奥林匹克勋章授予奈史密斯时，75岁高龄的他接过一位小姑娘献上的月桂冠，激动得欣喜若狂。后来为了纪

念这位篮球之父，人们在春田学院内修建了他的铜像，而且国际篮联还将世界篮球锦标赛男子篮球的冠军金奖杯命名为"奈史密斯杯"。

接下来让我们来熟悉一下篮球的规则。篮球比赛要有两个队伍参加，每个队伍分别有5人，目标是将篮球投进对方的篮筐中，而自己这一方就要防止对方将球投入。球员可以将球向任何方向传、投、拍、滚或运，但要受规则的限制。当今世界篮球水平最高的联赛是美国的职业篮球赛（NBA）。

篮球术语

小朋友们现在我们来学习一下篮球术语吧。最先要说的就是"扣篮",这是一种十分霸气的投篮方式,将篮球自上而下地扣进球筐中;"补篮"是在投球不进时,在空中将球补进到篮筐中;"盖帽"是在对方队员即将投篮出手时,在空中把他手中的球打掉。

著名的篮球明星

在这里给大家介绍一下篮球史上的一些明星,看知道多少。"空中飞人"乔丹、"大鲨鱼"奥尼尔、"魔术师"约翰逊、"大鸟"伯德、"小飞侠"科比、"闪电侠"韦德、"答案"艾弗森等。

小巧的乒乓球

我们介绍完了篮球、足球，这两种男孩子更喜欢的运动，下面给大家介绍一种男女生都比较适宜，稍显柔和一点的运动——乒乓球。

乒乓球是中国的国球，说起来大家都不会陌生，这种小巧的桌上球类运动为中国带来了很多的荣誉。在国际上许多乒乓球比赛中，大部分的冠军都是由中国选手获得，甚至有的时候还能包揽整个比赛的所有冠军呢。

虽说乒乓球在中国这么的辉煌，但是它的起源却并不在中国。乒乓球的起源说起来有点偶然的味道。有一次，几个驻扎在印度的海军无聊，将网球缩小到桌上来玩，发现这样的玩法十分的刺激，有趣。但是他们发现实心球在玩的时候十分不方便，于是就用一个轻巧而且弹性很好的空心球来代替，还用一块小巧的木板来代替手击球。就这样，这种新颖而有趣的桌上"网球赛"很快就得到了人们的喜欢，从而风靡全球。

刚刚开始的时候乒乓球并不是这个名字，它的名字是table tennis，就是"桌上网球"的意思。后来由于它很受欢迎，美国商人就开始用机器大批量地生产这种运动用品，一个美国商人觉得打

乒乓球时发出的ping-pong声很有意思，就用它注册了一个商标专利，专门用来生产乒乓球。就这样ping-pong从table tennis中分离出来成了乒乓球的正式名字。当它传到中国的时候人们根据ping-pong的拼音读法，结合击打乒乓球时发出的声音，就把这种新兴的球类游戏叫作"乒乓球"。

刚开始，乒乓球比赛的赛制采用的是一局100分制，但是由于这个分值太大，后来就采用21分制，直到现在都采用的11分制。如果最后出现了双方都是10分的平局情况，就规定最先得到2分的一方获胜。根据比赛人数的不同分为单项和团体两种，单项就是单打，七局四胜制；团体可以分为双打、混双两种打法，为五局三胜制。

不同的人玩乒乓球会用不同的握拍方法击球，主要分为：直拍

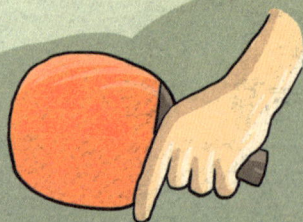

横拍握法

直拍握法

握拍法和横拍握拍法两种。其中在直拍握拍法中还可以细分为快攻型握拍法和弧圈型握拍法两种。

俗话说"外行看热闹，内行看门道。"我们在看一场乒乓球比赛的时候，评论一个人的技术好与坏主要是看弧线、力量、落点、速度和旋转这五个基本的要素。弧线很好理解，就是乒乓球在空中划过的轨迹；力量可以通过乒乓球在空中飞翔和旋转的速度体现出来，一个快攻型的选手打出的球是十分迅速的，使对手一不小心就会失分。至于落点就是你要根据乒乓球在空中的弧线，预测它会在哪里落下，怎样去反攻。所以，看似简简单单的乒乓球比赛，其实藏有好多学问的。小朋友们，你学会了多少呢？

跨时代的发明——电

　　现在科学技术的不断发展让小朋友们的生活十分方便：在夏天的时候我们可以用风扇、空调来降温；在上课的时候，老师为了让大家更彻底地明白某一个知识而采用幻灯片的方式授课；小朋友们写完了作业就可以看看电视，放松一下……但是你们发现没有，这些东西都需要同一种东西才能运行——电。下面就让我们去了解这

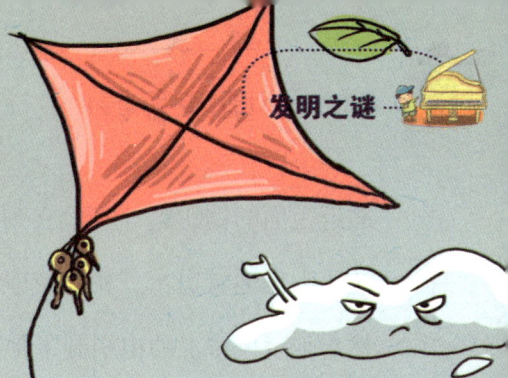

个神秘的家伙吧。

　　电是怎么被发现呢？说起这个问题，就要给大家说说富兰克林"捕电"的故事。富兰克林是18世纪美国著名的科学家，他曾经做过好多的实验来证明电的存在，但是都没有什么成效。有一天，天空一道闪电给了富兰克林启示，他知道闪电中一定存在着电，可是又怎么能将这些电给"捕捉"到呢？

　　首先富兰克林做了一个风筝，他知道金属是可以导电的，于是就在这个风筝的下面接了一段金属丝，然后在金属丝上接上风筝线，他怕金属丝的目标太小，于是就又在金属丝的上面挂了一串金属的钥匙。在1752年7月的一天，天空阴沉得厉害，眼看就要有一场大暴雨。富兰克林和他的儿子带着那只风筝来到了一个空旷的地方，由于风很大，父子俩很快就将这只风筝放到了天空中。两个人看着风筝飞入云层，都期待着闪电击中风筝的那一刻出现。终于，在两人的期盼中，一道闪电击中了风筝。富兰克林用手指去

靠近上面的铜钥匙，身上立刻感到一阵恐怖的麻木，他立刻高兴地向儿子大声地喊道："嗨，威廉，我触到电了，这就是我要找的电！"然后他将风筝上的电引到了他用来储存电的莱顿瓶中。

富兰克林的"风筝实验"在当时引起了很大的轰动，人们眼中的"天电"竟然被他抓捕到了。他用收集到的电作了很多的研究，不仅证明天上两个云团之间摩擦产生的"天电"跟地上的电是一样的，同时还打破了当时人们认为的天上跟地面上不是一个空间的假说。为了表彰富兰克林所作出的贡献，英国皇家学会对他进行了表彰，授予他金质奖章，同时聘请他担任英国皇家学会的会员。

在他之后的一些科学家通过对电的不断研究，取得了很好的成绩：1799年，意大利的科学家伏特制造出了世界上最早的伏特电池；1821年，法拉第完成了一个简易的装置，这个装置是发动机的祖先。经过不断改进，在1831年，法拉第终于制造出了世界上的第一台发电机。1866年，西门子在法拉第的基础上又制造出了世界上第一台在工业上使用的发电机。

现在电在人们生活中的作用越来越重要，电的使用在很大程度上帮助人们节省了体力和脑力劳动，让人们可以有更多的精力去完成其他的事情。它让人们变成了"大力士"，变成了"顺风耳"。但是生活中由于不合理的用电，发生了许多的悲剧，这就告诉我们：电在给人们带来好处、带来利益的同时，也会带来伤害。如果你不听警告胡乱操作，电也有可能变成伤害你的"电老虎"。所以小朋友们在用电的时候，千万要小心，不要为了一时的好奇，或逞一时的英雄，而伤害到自己哦。

照亮黑暗的电灯

白天的时候，阳光照耀着大地，光明充满了人间，人们可以做很多的事情。但是到了晚上，黑暗就吞没了大地，让人们陷入到黑暗当中。这时候小朋友们一定会情不自禁地想到电灯。那么电灯是怎么来的呢？下面就让我们一起去揭晓这个谜底吧。

在没有电灯的时候，每当到了夜晚，人们只能用蜡烛、煤油灯来照明。煤油灯和蜡烛在燃烧的时候，容易冒出浓浓的黑烟和难闻的气味，人们除了要不断地添加煤油、经常地擦拭灯罩以外，一不小心还容易引起火灾，十分的不方便。于是人们就特别渴望能有一种简洁的照明工具出现。在19世纪初期的时候，英国的化学家制成了世界上第一盏弧光灯。但是这种灯的光线十分的强烈，只能应用在一些大型的公共场合，而且十分昂贵，寻常人家

根本用不起。于是，科学家又在致力于寻找一种物美价廉的照明工具。

就这样随着不断的摸索，人类伟大的"发明之王"爱迪生终于打破了黑暗。他发明的电灯照亮了这个世界，他的名字也就伴随着电灯进入到了千家万户。起初，爱迪生感受到人们没有便利的照明工具，生活很不方便。他决心发明一种实用的电灯，让人们可以生活在明亮之中。为此，他阅读了大量与电有关的书籍，还观察总结了前人发明电灯的经验教训，这些都为他成功发明电灯奠定了坚实的基础。

在他刚开始发明电灯的时候，他是将一小截碳丝放在灯泡里面当作灯丝，但是一通电的时候碳丝就会断掉。这时候爱迪生就猜想失败的各种可能性，他想会不会是电灯泡中有空气的原因呢？于是他就将灯泡中的空气抽出来，果然，通电的

时候灯泡亮了起来，但是这盏灯只坚持了8分钟左右就又熄灭了。虽然失败了，但是爱迪生却在这场试验中总结出了一个发明电灯的关键因素：首先灯泡中不能有空气，要让灯泡处于真空状态；第二点就是要有一种耐热的材料做灯丝。

明白了问题的关键所在之后，爱迪生就开始解决这些问题。将灯泡中的空气都抽出来这个不难，可以解决，剩下的难题就是怎样找到最适合做灯丝的耐热材料。爱迪生先想到了熔点最高的白金，他用白金实验了几次，发光的时间虽然延长了不少，但是仍然要不时地熄灭再重新启动，效果不是很理想。后来爱迪生就将自己知道的1600多种可能用来做灯丝的材料写在本子上，一一实验。不过，实验的结果表明，还是白金的效果最好。大家看到爱迪生这样执著严谨的态度，都很感动，于是就纷纷帮他寻找灯丝的材料。后来发现用竹丝的效果更好，就这样，用竹丝做灯丝的灯泡因为物美价廉、经济耐用，走进了千家万户中。直到后来，爱迪生发现钨丝更适合做灯丝，这才结束了竹丝灯丝的时代。

现在的人们因为不同需要，又发明出了各种各样不同功用的灯。有居家用的白炽灯，有影视舞台上需要的镁光灯，有港口、隧道等地方当作信号的荧光灯……

虽然现在电灯已经十分的普通，但是相信小朋友们不会忘记发明各式电灯的前辈们，更会发扬低碳环保的精神，不浪费每一度电。

跨越距离的通话

　　手机相信小朋友们并不陌生，它可以用来打电话、发短信、听音乐，再智能一点的手机可以联网打游戏，可以网上购物，甚至可以在线看电影，相当于一部小型的电脑。手机已经是人们生活中不可分割的一部分，这章我们就给大家讲一下手机是怎么出现的。

　　在古代，人们之间要传递信息通常会采用写信的方式，但是这种方式不仅不安全而且速度还很慢，很容易误事。后来人们发明

了电报，虽然这样的方式快捷了很多，但是价格昂贵，普通人用不起，于是人们就希望能研究出一种能直接对话的通讯方式，这就是我们都知道的电话。

在1861年的时候，德国有一名教师根据声波的原理发明了一台古老的电话机，但是，这台电话机只能在很短的距离中对话，对长距离通话束手无策，但是这个发明却为进一步的研究指明了方向。如何才能让电流将声波传送得更远呢？无数科学家为了解决这个问题绞尽脑汁，其中有一个叫亚历山大·贝尔的人却因为一个突发奇想而完成了这个历史任务。贝尔学过人的语音发音原理，后来又学习了声波振动，在掌握了这些知识的基础上，他开始尝试着为听力不好的人们设计制作助听器。在制作的过程中，他发现了电流在接通和断开的时候，线圈会发出一些噪音。正是这些噪音，让贝尔脑中灵光一闪："电流在接通和断开的时候能发出声音，那么能不能

71

用电流的强弱来表示声音的大小呢？"带着这样的想法，贝尔和他的助手开始了探索的旅程。功夫不负有心人，在1875年的时候，贝尔和他的助手终于发明出了电话，为人类的通讯史打开了新的一页，开启了电话通讯的时代。

随着科技的不断进步，电话也在不断地改进：由刚开始需要接线员接线到用户自己手动拨号，再到自动拨号系统，直到现在的可视电话。后来，在电话的发展中，又出现了一种新的通讯工具——手机。手机的发明是建立在电话的基础之上的，在1938年的时候，美国制作出了世界上第一部手机，只供美国军方使用。直到1973年，美国摩托罗拉公

司推出了一部民用手机，才宣告手机时代的正式来临。而发明这部手机的马丁·库帕则被称为"手机之父"。

手机的发展也经历了很多的阶段，在外形上可以分为折叠式、直板式、滑盖式、旋转式和侧滑式等；在使用功能上，可分为1G、2G、3G，现在人们正在致力于4G手机的开发使用。随着手机的不断发展，还出现了适合不同人群使用的手机：商务手机适用于商务人士，学习手机适合学生，老人手机适合老人使用，炒股手机更是股民必不可少的装备。

有了手机，通迅固然方便，但是小朋友们在日常生

活中，千万要谨防手机诈骗，不要贸然地答应陌生人的要求，更不要轻易地相信中大奖等诈骗陷阱。小朋友们你们有哪些防止上当受骗的方法呢？说出来给大家分享一下吧。

留住美好瞬间的照相机

当小朋友们和爸爸、妈妈或者和同学一起出去游玩的时候，总是喜欢照一些相片，等长大后，拿出照片就可以回忆起当时的那段欢乐的时光。那么当你按下快门的一瞬间有没有想过，照相机是怎么被发明出来的呢？

早在公元前400年的时候，墨子的名著《墨经》中就已经记述

了关于小孔成像的现象，到13世纪的时候又出现了利用针孔成像原理制成的映像暗箱，人们可以走进暗箱中观看里面的映像或者绘画。但是离拍照还差得很远，世界上第一张照片是在1822年的时候，法国的尼埃普斯用感光材料制作出来的，但是当时的图像很模糊，而且仅仅曝光就要等8个小时。尽管如此，这张照片的出现还是为人们指明了照相机的研制方向。就这样，在1839年的时候，法国人达盖尔成功地发明出了第一台照相机。这个发明是由两个木箱组成的，其中一个要放进另外一个箱子中用来调整焦距，而且还用镜头盖当作快门使用。这个时期拍出的相片图像已经很清晰了。

到了1841年，兰德发明出了世界上第一台用金属作为机身的相机，更为难得的是这台相机使用的摄像头是世界上第一只用数字计算出来的，比例可以达到1：3.4。从此，照相机的发明进入到了黄金时期，1845年的时候出现了可以旋转150°的转机；1849年又发明出了立体照相机；1861年出现了世界

上第一张彩色相片；1860年的时候又研制出了单镜头反光照相机；随后，在1880年，出现了双镜头反光照相机。而且在这个阶段的发展中，还出现了一些样式新颖的相机，比如手枪型、纽扣型。随着科学技术的不断发展，照相机开始向小体积、高像素、优质量、薄机身的方向发展。因为电子技术突飞猛进的发展，胶卷也慢慢过时了，被数码相机所取代，为摄影爱好者提供了很多的便利。

虽然小朋友们对相机不是很陌生，但是你们不一定知道相机是由哪几部分组成的，下面就给大家介绍一下照相机的基本组成。首先就是镜头，它的作用是将物体凝聚成像，而且为了能使图像更加清晰，还可以前后移动来调整焦距。为了确定被照图像的大小范围，还会在相机中设置取景器。快门和光圈是控制曝光的部件，选好了要照的图像，只要按下快门，一张照片就照好

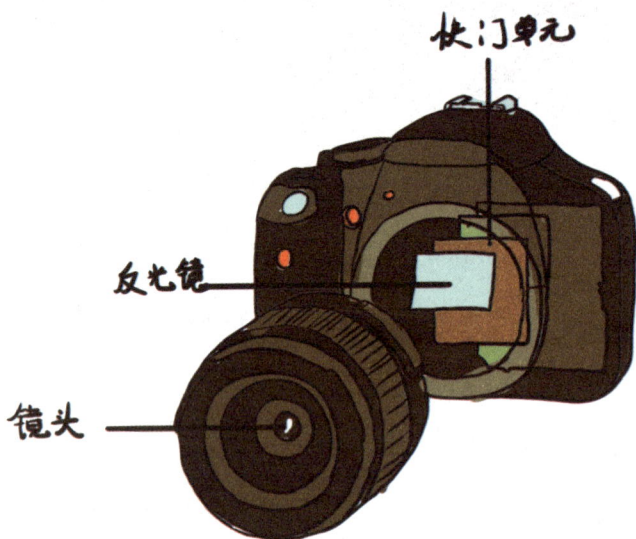

快门单元

反光镜

镜头

了。还有就是机身了，它其实不仅仅是照相机的暗箱，同时还是各个部分的结合体。

现在市场上有很多著名品牌的照相机，我们大家比较熟悉的有索尼、佳能、三星、松下、柯达等国外品牌。随着中国生产技术的不断发展，也出现了一些不错的相机，比如明基、联想、爱国者等品牌。

你知道吗？

像素

在买照相机的时候，人们问得最多的就是照相机的像素是多少。一张照片的清楚还是不清楚就要看这个相机的像素了，对于相机来说，像素越高照出来的相片就越是清晰。

你知道吗？

摄影

摄影这个词最早是源于希腊，是"以光线绘图"的意思。现在我们所说的摄影就是用照相机，将一些难忘的瞬间用照片记录下来保存，是一种无声的艺术。摄影可以分为记录摄影、艺术摄影、画意摄影、水墨摄影和全息摄影。而一个摄影家就是可以将平凡的事物化为神奇的图像。

79

电影——
神奇的照片浏览器

现在小朋友们没事的时候都喜欢看看电影，总被电影中那感人的故事所感动，被那华丽宏大的场面所震撼，被那跌宕起伏的情节所吸引。那么，在感受电影魅力的同时，小朋友们有没有人知道电影是怎么被发明出来的呢？

要说起电影，首先就要认识我国的一项民间艺术——皮影戏。古时的人们将兽皮用剪刀剪成各种各样的形状，有人物，有鸟兽，然后将这些东西做成木偶。人们在一张白布后面操纵木偶做出各种各样的动作、表情，并用灯光将木偶的影子照在白布上，这样人们在白布上面就可以看到木偶的各种动作。这种皮影戏是中国的传统艺术

诡盘

形式，可以称得上是电影的前身，但是现在许多地方的皮影戏表演艺术都已经失传了。后来，皮影戏传到了欧洲，欧洲人根据皮影戏的原理，经过不断的研究终于发明了现在我们熟知的电影。

其实在1892年的时候，比利时的物理学家普拉多就根据"视觉暂留原理"发明了"诡盘"，让电影的发明进入到了科学研究的阶段。在后来1853年的时候，奥地利的冯乌却梯奥斯利用"活动视

活的电影机

"盘"发明了最原始的幻灯片。后来摄影技术不断发展，让电影的发明成为可能，为电影的发明提供了必要的条件。1890年，发明大王爱迪生在发明了电影留声机以后，并没有停下脚步，经过五年的不断研究，他最终发明了电影视镜。他将他的成果在纽约放映之后，引起了整个美国的轰动。但是他的电影并不像现在的电影这样，可以供上千人一起观看，那时候的电影每次只能让一个人观看，内容是一些舞蹈、跑马比赛等项目。我们一般认为，最初的电影就是这位发明大王爱迪生发明出来的。

到了1895年，法国的卢米埃尔兄弟在爱迪生的电影视镜和他们自己的"连续摄影机"的基础上，经过研究终于研制出了有摄影、放映、洗印三种功能的"活动电影机"。同年12月28日，他们放映的影片《卢米埃尔工厂的大门》获得了巨大的成功，后来又连续推出了一系列电影。历史学家认为他们的电影技术已经成熟了，于是就将1895年的12月28日定为电影诞生之时，而卢米埃尔两兄弟也被人们尊称为"电影之父"。

但是这样就出现了一个问题：电影的发明者到底是爱迪生，还是卢米埃尔兄弟呢？美国人认为是爱迪生，可是法国人的答案却

20世纪

是卢米埃尔。其实电影的发展离不开这三位先驱者的功劳，正是经过他们的共同努力，才使后世的人们能看到这么美丽神奇的电影。随着现代科技的不断进步，又出现了很多的新式电影，比如有"动感球幕电影""水幕电影""网络电影"等等。被称为"最现实电影"的3D电影，采用了先进的技术，使得电影不再是平面上，而是立体的，让人们在观看的时候仿佛置身其中一样。怎么样，这样的电影是不是更神奇啊？小朋友们，你们看过吗？

妈妈，我想看3D电影《阿凡达》

汉堡是怎么做的呢

现在越来越多的外国快餐受到中国人的喜欢和追捧，尤其是小朋友们喜欢吃的汉堡、炸鸡排、薯条等。那么这些外国的食物有什么样的魅力，让我们的小朋友这样的喜欢呢？今天，我们就走进其中之一的汉堡去看一下。

就是这个看起来很好吃的汉堡，在西方被称为是五大快餐之一。这个小家伙是怎么来的呢？最开始的汉堡是将牛肉捣碎成末，然后和面放在一起搅匀之后，做成饼状。这个时候还不叫汉堡，它叫牛肉饼。古代鞑靼人西迁时把它带到了巴尔干半岛，后来又传到了德意志，在流传到德国汉堡地区的时候，人们将这项小吃进行了改进，将牛肉剁碎和面粉糅合在一起做成饼的样子，然后用来烤熟了吃。这种吃法就以德国汉堡地区的名字命名为"汉堡肉饼"。后来，这种肉饼传到了美国，有的人就将这种牛肉饼用两片小圆面包夹起来吃，人们又将它命名为"汉堡包"。

最初人们在切开的面包中夹上各种各样的酱料和食材，其中最典型的就是牛肉饼、生菜、黄瓜、菠萝等。但是后来随着人们饮食文化的不断发展，在汉堡包中夹的食材也发生了变化，除了最传统的夹牛肉以外，人们还会在面包的第二层中夹上芥末、番茄酱和沙拉酱等酱料，再加入洋葱、蔬菜。这种吃法不仅方便快捷，还凭借其鲜美的味道、全面的营养一下子跻身西方世界的畅销主食

之一。

汉堡包在不断制作、加工的过程中出现了很多汉堡之最，下面我就给大家介绍一下。世界上最大的汉堡包出现在美国的一个商品展览会上，这个汉堡包的重量达到了2.5吨。当然那样巨大的汉堡包除了当作展览以外，并没有什么太大的食用价值。在出售的汉堡包中，最大的要数英国供应的一种了，这种汉堡包的重量是11磅，相当于中国的9到10斤，而且还是一个人的分量。这

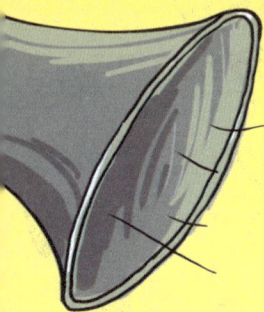

可说得上是汉堡包中的超级巨无霸。小朋友们都知道，汽车中有一款叫法拉利的跑车，十分的名贵，那你知道在汉堡包中也有"法拉利跑车"吗？这是在美国餐厅中出售的一种汉堡包，价格是55英镑，相当于当时的人民币770元，于是这种昂贵的"和牛"汉堡包就被誉为"快餐中的法拉利"。这种汉堡包中的牛肉饼，采用的是上等神户牛肉制成的，肉质滑嫩。据说日本的神户牛十分珍贵，日常生活中还会享受有按摩、喝啤酒和听柔和音乐的待遇，以此来保持牛肉的滑嫩。

这样看起来鲜美可口的快餐应该是营养充分全面的，但是事实却不是这样，快餐中主要的是油炸食品，而油炸食品在世界卫生组织公布的垃圾食品中，位居首位。这类快餐食品含有热量有余，而维生素不足，脂肪含量非常高，经常食用会对青少年的成长发育造成很大的伤害，导致人体热量过剩和营养失衡，而且容易致癌。汉堡包在美国是十分普通的食物，就像中国的包子，但是论及营养成分却远远不及包子呢。中国这类传统的肉馅食品含肉量和含油量要比汉堡包食品低得多，馅料中一般都含有很多的蔬菜，营养更加均衡。

小朋友们，中华民族的健康美食有很多，不要因为一时的口舌之欲而选择不健康、对身体有害的食物。我们要保护好自己的身体哦！

可口可乐，再来一瓶

　　在中国最近的新闻报道中，2012年3月，可口可乐爆出含有致癌物质的消息，可口可乐公司出面称这是没有依据的说法。在随后的4月份，可口可乐又被查出氯的含量严重超标，公司称是由于操作失误，并就此致歉。可口可乐究竟是什么呢？先让我们来了解一下吧。

　　可口可乐的发明者是一名叫约翰·潘伯顿的医生。他在1885年的时候发明了一种深色的糖浆，这种糖浆被命名为潘伯顿法国酒可乐。但是不巧的是，政府当年出台了禁酒令，于是潘伯顿就琢磨着，发明一种可以给人们补充能量又没有酒精的饮料。经过不断的研究，他终于成功地创造出了这

种可以提神、镇静和能减轻头痛的饮料，他的合伙人罗宾逊给这个新发明起了一个名字——Coca-Cola，第一份可口可乐在当时的售价只有5美分。可口可乐不久就风行世界，而且开始瓶装出售。可口可乐的配方是保密的，直到现在，除了可口可乐家族的人知道以外，外人根本无从知晓。不仅这样，可口可乐对于配方的保密还采取了一系列的措施。

可口可乐刚刚传入中国的时候，翻译过来的名字十分搞笑，叫"蝌蚪啃蜡"，但是由于在中国市场的销量很不理想，后来就更名为"可口可乐"。现在可口可乐在世界饮料市场中处于老大哥的位置，击败了好多的竞争对

手，在全球的市场占有率达到了48%，由于其销量的数目巨大还被列入世界吉尼斯纪录。

可口可乐能得到人们的青睐也是有自己的独特之处，它是一种化学饮料，可以直接饮用，可以根据个人的喜好而调节。而且其中加入天然植物的汁液，天然植物本身就有一定的功效，这些植物的研磨液还具有排毒排油腻的作用，而受到了众多女性的喜欢，又由于它有提神镇静的作用而得到了男人们的欣赏。

全世界每一秒钟约有10450人正在享用可口可乐公司所出品的饮料。怎么样，这个数字让你震惊吧！

这充分说明了可口可乐公司的饮料享誉全球。日本拥有200万部自动售卖饮料机，其中超过三分之一带有可口可乐的商标；洪都拉斯有个可口可乐湾，因为这个海滩就在一家可口可乐装瓶厂前面；全球最大的墙画之一是以可口可乐罐为主题，长61米，宽55米。这幅手绘的墙画设置在香港的太古可口可乐装瓶厂，由画师花了三个半月的时间精心创造而成；中国最大的外墙广告是以可口可乐弧形瓶为主题，于1999年制作完成，并申请了吉尼斯世界最大的外墙广告。

小朋友们，你了解可口可乐了吗？这样一款饮料你是不是也觉得很有魅力呢！

哇，好好吃的**巧克力**

　　巧克力不但香甜可口，口感细腻，而且还可以迅速补充身体能量。那么在品尝巧克力美味的同时，你知道这种甜食是怎么被发明出来的吗？下面我们就一起去看看它的来历吧。

　　最开始的巧克力并不是像现在这样的，而是源于墨西哥地区古代印第安人的一种含可可的食物，味道又苦又辣。故事是这样的，1519年，西班牙的探险队在墨西哥的腹地中进行探险活动。这些探险家在科尔特斯的带领下战胜了各种各样的困难，终于到达了一个高原上。这个时候队员们一个个都没有了力气，东倒西歪的，作为队长的科尔特斯看到了队员们情况，十分着

急，前面的路还有很长，队员们已经一个个累成这样了，接下来还怎么走呢？正在他着急的时候，一个印第安人从山上走下来，看到他们一个个没精打采的样子就从自己的背囊中拿出几粒可可豆，碾碎之后，放入水中，随后又将水加热煮沸。等到水烧得沸腾后，又加入了一点树汁和胡椒粉，做好后，一股十分浓郁的香气扑鼻而来。

闻到了这么浓郁的香味，队员们一个个不禁对这一锅黑乎乎的水另眼相看。舀起一碗迫不及待喝到嘴里，大家的心里不约而同地发出一个声音：这是什么东西，怎么又辣又苦这么难喝啊！为了表示对印第安人的尊重，队员们只是象

征性地喝了几口。谁知道过了一会儿，大家就感觉疲劳减轻了不少，恢复了不少力气。大家都感到这种饮料十分神奇，能减轻人的疲劳，于是就记住了这种东西的做法。后来在制作的时候，拉思科感到很麻烦，就想到将这种东西做成固体的就好了，不仅方便携带，而且也方便食用。于是他就把这种黑乎乎的液体经过不断压缩，烘干，最终制作出了固体的可可饮料。在墨西哥当地的方言中这种可可饮料叫作"巧克拉托鲁"，于是

他的制作人拉思科就将这种新发明的固体食品叫做"巧克力特"。

　　这就是第一代巧克力的样子，但是这个巧克力特的配方始终保密，一直到了200年以后，一位英国的商人终于成功得到了配方，并且根据英国人的口味在这种配方中添加了人们爱吃的奶油和奶酪，制作出了"奶油巧克力"。虽然这样的巧克力比第一代巧克力味道甜美，但是由于在可可粉里面还有油脂，导致水和牛奶等没有办法很好地融合在一起，让巧克力吃起来有一些涩涩的感觉。后来在1892年的时候，荷兰的万·豪顿发明了一种能给可可豆脱去油脂的技术，这才使巧克力的味道和口感完美地结合到了一起。

冰淇淋，你还想吃吗

在烈日炎炎的夏季，太阳炙烤着大地，小朋友们想过没有，这时要是能吃上一支冰淇淋那该有多爽啊。现在市场上有各式各样的冰淇淋，那么，这种夏天里用来降温解暑的良品是怎么发明出来的呢？你又最爱吃哪种口味的冰淇淋呢？

其实冰淇淋的出现要追溯到唐朝末期的时候，在那个年代里，皇家的威严最大，为了能使皇室中人在盛夏的时候消暑，人们经过不断的琢磨，终于研究出了一种方法，能在夏天的时候制作冰块，这就是世界上制作的最古老的冰淇淋。到了宋代的时候，制冰的技

术已经十分成熟，人们开始琢磨着将味道加入到冰中。有人将水果和水果压榨出的汁液加入其中，制成最原始的冰果汁。到了元代的时候，人们不单单将果浆加入到冰中，还将牛奶也一并放进去，制作出了各种口味的冰水。

直到13世纪，伟大的探险家马可·波罗在探险的路途中将这种冰淇淋的制作方法学会并传到了意大利。传到了西方的冰淇淋，凭借着美味与口感，得到了大家的喜欢，成为一种十分畅销的食品。

冰淇淋销售火热，美国的牛奶商人看到了商机，纷纷建立工厂，将冰淇淋的生产工业化。随着美国科技的不断发展，在制冷方面的技术也有了很大的进步。在这些新科技的帮助下，冰淇淋传遍全球，在全世界的范围内得到了迅速的发展。到了1904年的时候，人们还将新加工制作出来的蛋卷冰淇淋在世界博览会上首次展示。随着时代的不断发展，冰淇淋的品种还在不断地增加，如花生冰淇淋、蜜瓜优格冰淇淋、苹果柠檬冰淇淋、可可冰淇淋和香草冰淇淋等各式各样的口味。

人们之所以这么喜欢吃冰淇淋，除了它能为人们降温解暑以外，还因它那宜人的味道、细腻的口感、可口的凉甜，给人们带来超爽的味觉享受。在我们享受着难得的清凉时，冰淇淋还能为人体补充一些必需的营养。所以，在夏天人们心情烦躁不想吃饭的时候，就可以适当吃一些冰淇淋，不仅能降低体温帮助人们驱除烦躁，还能补充体力让人们有精神工作。但是一些患有糖尿病、肠胃不好的人，还有老年人和儿童都不宜吃冰淇淋，因为冰淇淋是属于含糖较多而且冷硬的凉品，糖尿病和肠胃不好的人们吃了容易使病情加重，这就得不偿失了。而老年人和儿童由于自身抵抗力较弱，也不宜食用。但是这并不意味着青少年就可以肆无忌惮地狂吃。吃多了容易引起不良反应，最常见的就是肚子疼，所以我们在享受冰淇淋带来的清爽同时，也要注意合理、适量地食用。

你知道吗？

冰淇淋的营养成分

冰淇淋虽然是一种冷饮，但是还是含有一定的营养成分。其中在冰淇淋中含量最多的就是糖类，有牛奶中的乳糖和各种果汁中所带的蔗糖，而且这里面还有柠檬酸和各种各样的维生素。同时在冰淇淋中还有脂肪的存在，在牛奶和鸡蛋中存在着大量的脂肪。这些脂肪纸卵磷脂可以释放出胆碱，对提高记忆力有很大的帮助哦。

你知道吗？

家庭自制冰淇淋

现在很多的小朋友因为夏天的炎热，而不想到外面去，但又十分想吃冰淇淋，这可怎么办呢？这里，我就教教你怎样制作简易的家庭冰淇淋。首先，在锅里打4个鸡蛋，注意，我们这里只要蛋黄不要蛋清，然后将这些蛋黄按照一个方向搅匀。再将烧开的500克纯牛奶倒在已经搅拌好的蛋糊中，同时打开小火，并不断地搅拌，最后放入冰箱中冰冻，过一会儿之后，美味的冰淇淋就完成啦。怎么样，味道很不错吧。

保持寒冷的大家伙

"一幢漂亮小楼房，有墙有门没有窗，外面热得直淌汗，墙里个个都冻僵。"小朋友们，上面说的是几乎家家都有的一种电器，你猜到了吗？没错，就是电冰箱，在我们的生活中越来越离不开它了。那么你们可知道电冰箱是怎么来的吗？

其实在古代的时候，冰箱叫做冰桶，是古人用来盛放冰块的容器。那个时候的冰桶就已经具备现在冰箱的功能了，古人用它存放食物，也会用冰桶里面冰块散发出来的凉气给

室内降温。从古代的文献中可以知道，周代的时候冰桶就已经很成熟了。

　　现在也有很多流传下来的古代木制冰箱。这种木制冰箱基本都是清朝末期时候的，采用的材料都是红木、柏木和梨木等材质细腻的木料，样式就像是花篮的形状，制作得十分精美。这样花篮形状的木制冰箱大口小底，而且在底部还有一个用来泄水的小孔。在冰箱的两侧还有提环，方便人们运输。而且在这个冰箱的上面有一个盖板，还在盖板的上面开了双线孔，一方面可以用来散发冷气；另一方面又可以在换冰块的时候，把手指伸进孔中将盖板拿起来。而且当时的人们考虑到了，为了把冰箱垫高方便拿取里面的食物和冰块，还专门给冰箱

配置了底座。在当时的社会中能用红木制作家具的家庭一定是富裕的家庭，而有钱人家里，能用得起红木冰箱的就更少了，所以现在现存的木制冰箱都显得十分的珍贵，是收藏家们的最爱。

早期的木制冰箱让人们能在炎热的夏季中保存食物，

还能让人们在燥热中享受清凉舒爽，不得不说这是一个伟大的发明。但是冰箱真正得到实质性发展是在17世纪，那时候冰才刚刚出现在美国市民的饮食中，"冰箱"一词也慢慢出现在美国的文化中，由于冰的保鲜性，冰箱也就在美国的市场中慢慢地发展起来了。在1880年的时候，人们发明出了"冰箱"，这个冰箱不是木制的冰箱，而是小朋友们现在家里使用的冰箱

的前身，还发明出了冰箱的兄弟——冰柜。

　　但这时候的冰箱并不是很完善，一直到了19世纪末，科学家才研制出了比较稳定、有效率的冰箱。随着科技的不断发展，各种各样的冰箱不断地被研制出来，也出现了一些质量比较优良的品牌，比如海尔、西门子、三星、美菱等等。现在中国的冰箱市场呈现出"一超多强"之势，海尔凭借着优良的品质和良好的售后服务占据着中国冰箱市场30%的份额，处在冰箱行业龙头老大的领先位置。小朋友，你家的冰箱是什么牌子啊？

你知道吗？

太阳能电冰箱

太阳能电冰箱是新兴的冰箱中的一例，它是通过吸收太阳能转化成电能作为让整个冰箱运转的动力，不仅可以节省电能，而且环保。小朋友们可能会问：那没有太阳的阴雨天气怎么办呢？不用担心，这个问题科学家早就想到了，这种冰箱在吸收太阳能的时候，还会贮存一部分留作备用。

你知道吗？

电冰箱的节能方法

现在社会的一个主要课题是"节能减排、低碳生活"，那么电冰箱怎样使用才能节能呢？下面就告诉小朋友们几个小窍门，一定要记住哦。首先，不要在用电高峰的时候使用冰箱，保持停电保鲜的状态。其次，在使用冰箱的时候不要频繁开门，否则在增加耗电量的同时还会减少冰箱的寿命。在冰箱内部摆放东西的时候要留出一定的空隙让冰箱散热，减少耗电。每使用一到两周以后，要在拔除电源后，用湿布擦拭一遍冰箱里面，给它"洗个澡"。

来，我们一起看电视

　　现在的小朋友们对电视一点都不陌生，在闲暇时可以用它来看看电视剧，看看电影，还有一部部既好看又好玩的动画片。可是当小朋友们沉浸在电视带来的乐趣中时，知不知道电视机是怎样发明的呢？今天我们就去看看电视的发明过程吧。

　　在以前的章节中我给大家说过自从发明了电以后，人们就发明了一系列的电器，电视的发明就是从这个时候开始的。在1883年的那个圣诞节，德国人尼普科夫首次用他自己发明的"尼普科夫圆盘"做了投射图像的实验，但是由于技术不到位，加上缺少经验，所以投射显现出来的图像十分模糊。1908年，经过不断的努力和研

究，英国和俄国的科学家提出了电子扫描的原理，为以后的电视发明奠定了基础。到了1923年，苏联人兹沃里金研制了光电显像管、电视发射器及接收器，使电子技术应用到了电视上，解决了电视机发明的一大难题。在1927年的时候，在人们的不懈努力下电视机终于被发明出来。在贝尔德的首次电视试播成功之后，英国广播公司就抓住了商机，开始长期为人们播放不同的电视节目。只是这个时候的电视却仅仅只有图像没有声音，直到1930年人们才走出了无声电视的时代，实现了图像和声音的同步。随后，第一台黑白电视机在瑞士诞生，后来科学家又经过不断的研究，完善电视机的喜讯一个接一个传来，相继出现了彩色电视机，闭路电视，液晶电视等等。

　　关于电视到底是谁发明的，现在还有很大的争议。有人说是被称为"电视之父"的苏格兰人约翰·洛吉贝尔，相传他有一次在伦敦作试验，无意之间扫描出了一张被看作是电视诞生标志的木偶图片。还有一种说法是，美国人斯福罗金与约翰·洛吉贝尔同年将他发明的电视机展示给他的老板观看。其实电视机的发明不是一个人功劳，它凝聚了许多不同国家、不同种族、不同领域的人们共同的努力，是这些人智慧与汗水的结晶。

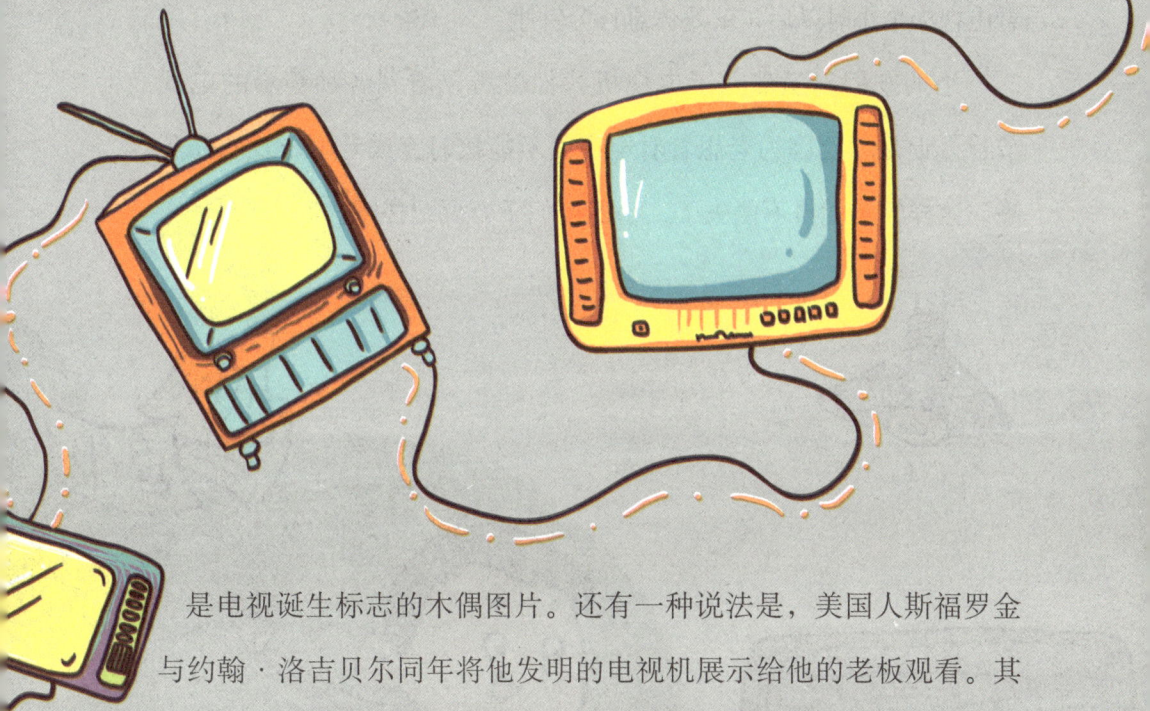

　　电视出现以后，喜欢看电视的人越来越多，但是很多人不知道怎样才是正确的看电视方法，这里我就给大家介绍一下看电视的注意事项。首先就是要选择一个合适看电视的位置，最佳的位置就是距离电视机2.5米到8米，眼睛的高度应该在电视的略上方，如果电视机的位置在人眼的上方，人们就要抬头去看，反之就要低头去看，这样不仅

仅会使眼睛疲劳，脖颈也容易发酸。孩子如果长时间地看电视，会导致体质虚弱，身材发胖，更容易造成近视。有调查显示，看电视4个小时不休息的人，眼睛的视力会下降0.2。如果已经是近视的话，则更严重。另外还得告诫眼睛近视的小朋友，如果不想近视加深的话，看电视半个小时以后，就要休息10分钟哦。

小朋友们，虽然有了电视机我们就可以看到各种精彩的电视节目，但是不要因为老想着看电视而不能按时完成老师布置的任务哦。这样的话就得不偿失了，小朋友们千万要记住哦。

你会使用电脑吗

　　亲爱的小朋友们，从你懂事的那一天起，脑子里就一定产生了许多疑问与好奇。有一首儿歌是这样唱的："电脑小，地球大，一条电线连万家。"那大家有没有想过这个小小的电脑是怎样产生的呢？

　　电脑的另外一个名字叫作"电子计算机"，是20世纪最伟大的发明之一，它的发明一下子就让人们跨越了空间距离上的障碍，让这个世界成为一体。只要

鼠标轻轻地一点，你就能知道地球的另一端正在发生着什么事情，十分的神奇。我们现在使用的电脑是由最开始的电子计算器发展、完善而来的。在1946年，世界上发明出了第一台计算机用来计算弹道。那个时候的计算机体积十分庞大，得用好几间房子来存放，而且运算的速度很慢，消耗的能量却不是一般的大。后来随着晶体管的发明，电脑的体积才慢慢地减小，出现了第二代电子数字计算机。随着科技的不断进步，计算机无论是在性能上，还是在使用范围上都得到很大的提高，外形也开始像小巧方便的方向发展。尤其是在运行速度上，更是以前电脑的数十倍不止。电脑按照体积的大小，可以分为台式电脑、笔记本电脑、掌上电脑和平板电脑。小朋友们平时容易见到的是台式电脑和笔记本电脑，而掌上电脑

加上手机的功能，就是我们小朋友们都知道的智能手机。至于平板电脑，最初是由世界首富比尔·盖茨提出来的，现在许多电脑公司都有这种产品。

现在小朋友可以在电脑上打字、画画、学习各种各样的文化知识，还可以玩游戏等，听读说写玩都可以同时实现。而且当小朋友们遇到不懂的问题的时候，我们可以在它上面寻找到正确答案，所以说电脑就是一部"百科全书"，只是这部百科全书不是把知识写在纸上，而是藏在芯片中，放在电脑的身体里。

不单单是这样，电脑在我们人类的生活中已经有着不可取代的作用。在科学家做科研工作的时候，大量复杂繁琐的计算都是交给电脑来完成的，比如火箭的设计、发射和回收；在我们的工作中，

会有着大量的数据等着我们去处理和分析，这个时候电脑就展现出了强大的功能，它可以将这些数据分门别类地整理好，比如考试中哪个小朋友的成绩第一，单科成绩各是多少分；而且在自动控制的方面，电脑更是大大的节省了人力，提高了效率，比如现在的无人驾驶飞机等。经过不断的研究，现在已经发明出了人工智能的电脑，能够模拟人的一些行为习惯和思维能力，还能帮助人们在一些对人有危害的环境中工作。但是，也有人提出："智能电脑发展到终极的时候，会不会取代人类呢？"这个问题，现在还没有人能给出肯定的回答。

空中的 "飞鸟"

　　喜欢听小品的小朋友们一定听说过《公鸡下蛋》这部小品，尤其是"公鸡下蛋，下蛋公鸡，公鸡中的战斗机"这让你笑喷的经典段子。关于战斗机的发明，哪个小朋友知道呢？今天我就给大家讲讲人造"飞鸟"——飞机的发明历史。

当人类看到鸟儿在天上自由自在飞翔的时候，就畅想着什么时候自己也能在天空中飞翔。经过漫长的研究发明，人们发明了"风筝"，它虽然不能让人在空中翱翔，但是可以称得上是飞机的鼻祖，为以后飞机的发明指明了方向。真正发明出了飞机，让人们实现飞天梦的是美国的一对兄弟——莱特兄弟。

莱特兄弟在小的时候就对机械、维修等有着特殊的兴趣爱好和很强的动手能力。这两个小兄弟经常会动手做一些十分精巧的小玩具，赢得别的小朋友的羡慕。有一次父亲给了兄弟俩一只会飞的蝴蝶玩具，就是这只蝴蝶玩具让兄弟俩后来发明出了20世纪最伟大的发明之一——飞机。在刚开始的时候，兄弟俩觉得这个小家伙飞得不够远，于是就按照玩具做了一个很大尺寸的仿制品，但是飞了几十米就落在了地上，宣告失败。长大后，莱特兄弟的想法得到了斯密森学会的支持，他们开始着手系统地学习航空的知识，不久就具备了制造飞机的能力。

1900年的时候，兄弟俩制作出了第一架滑翔机，但是在试飞的时候却没有达到理想的效果，飞机的起飞十分勉强，在空中时还晃来晃去的，很不稳定。试飞结束以后，莱特兄弟就不断地检查飞机，边检查，边思考着问题到底出在哪里。经过思考分析之后，兄

弟俩认为问题的根源是前人们制造飞

机的数据有误，于是兄弟俩就开始了新的

尝试。后来经过一番修正以后，兄弟俩制造的

第三架滑翔机终于可以顺利地飞在空中了，而且

无论在强风还是弱风中都能十分平稳地飞翔。后来，

他们又把动力装置安装在飞机上，可以使飞机在空中飞

得更持久。莱特兄弟在动力飞机研究方面也取得了很好的

成果，设计出的动力飞机效率非常高。

　　后来在飞机的使用过程中，常常会遇到发动机异常关闭的

故障，十分的危险。在1910年的时候，法国的展览会上有一架飞机在飞行时不幸坠毁了，这件坠机事件引起了人们关注，飞机的安全问题也就成了人们热议的一个话题。后来在1911年的时候，英国的肖特兄弟又在原来的基础上增加了一个发动机，形成了双发动机系统，保证了飞机在飞行过程中的安全性。后来德国人又制作出了一架全金属的飞机，将飞机用一层做罐头盒的铁皮包住，被人戏称为"驴罐头"。在1942年的时候，一个德国人用研制出的一台新的发动机制作出了世界上第一架喷气式的飞机。

在这以后飞机的种类就多了起来，用途也多了起来。比如有运

输乘客的客机，森林防火的飞机，战斗用的战斗飞机，巡逻用的巡逻机等，种类很多。而且随着客机的不断发展，人们还发明了一种快捷小巧的直升机。小朋友，你乘坐过飞机吗?

火车有多长啊

在中国的交通中，有一个很重要的交通工具就是火车。我在小的时候，每当听见火车的鸣笛声，看着火车呼啸跑过时，就和其他的小朋友们一起数着火车车厢的数量。等到长大了，在读书的时候，就成了火车上的常客。这节我就给大家介绍一下火车的发展史。

世界上最早的一列火车是根据瓦特的蒸汽机制成的，这辆列车一共有5节车厢，用一台蒸汽机来做动力，牵引着车身向前进。因为当时的燃料是煤炭或木柴，于是这种新发明的交通工具就被人们称为"火车"，这个名称一直沿用到了今天。1799年，英国矿工出身的乔治·斯蒂芬森已经18岁了，他没有顾忌别人的嘲笑讽

刺，和几个七八岁的孩子坐在一起
学习知识。等到1817年的时候，他用自
己制作的蒸汽机车承包了一条铁路线上的运输任
务，但是却不被别人看好。为了能够用自己的实际行动来说服这些
人，他又潜心制造出了一台名字为"火箭号"的机车，凭借着这辆
性能优良的新机车，打消了所有人的质疑。就这样，他建立了世界
上第一条完全使用蒸汽机车的铁路线。

刚刚制造出的蒸汽机车，动力装置只能靠蒸汽机来推动，所
以需要在火车路线的附近设置许多用来给火车加燃料的装备，使用
起来十分的不方便。后来人们就开始将火车的动力系统向电力和燃
油机的方向发展，没过多久，世界上第一台电力机车由德国的西
门子公司发明出来了。在1903年投入使用的时候，速度可以达到
每小时200千米。随着这列火车的发明应用，世界上又研制出了各
种各样动力的火车。1924年，美国、法国等地分别研制出了柴油

机，并用它作为火车的动力系统，得到了广泛的应用。1941年，又研制出了燃油汽轮机，由于性能良好而得到了世界上大多数国家的广泛应用。后来人们又开始追求火车的速度，德国研制的列车时速能达到300千米，日本的高速列车时速甚至能达到500千米。我国在这方面也取得了领先的成就，研制的磁悬浮列车时速能达到700～800千米。

火车有什么优点，能让人们花费这么大的力气去研究它呢？人们常说"火车跑得快，全靠车头带"，其实跟其他的交通工具相比，它最突出的优点就是马力大，后劲大，这样的话在运输物资的时候速度稳定，安全高效。另外，现在的火车采用的电力控制，不像过去的火车那样冒出浓浓的黑烟，不仅能给大家提供舒服干净的空间，还能保护环境，使操作更加简单，省去了添煤、加水的过程，效率比内燃机提高了很多倍。

你知道吗？

驴马拉火车的故事

中国的第一条铁路是李鸿章修建的，当时大家对这个西洋玩意儿不是很了解，无论官员还是老百姓，对于这个冒着黑烟的大家伙都十分的反感。他们将火车头卸了下来，用几头驴拉着火车往前走。驴在前面汗流浃背地拖着车厢，在火车道上艰难地走着，场面十分的滑稽，这就是当时"驴拉火车"的故事。后来经过李鸿章的不断努力，终于让大家认识到了火车的好处，就这样火车才开始在中国得到认可。

你知道吗？

瓦特

瓦特是英国著名的发明家，他是推动英国工业革命发展的重要人物。瓦特自小就喜欢琢磨一些东西，在1776年的时候发明了世界上第一台蒸汽机，让人们摆脱了人力作为动力的时代，用机器代替了人的劳动。后来人们为了纪念这位伟大的发明家，将功率的单位命名为"瓦特"。